Exercice
ou
FORMULAIRE
de Mémoires

par M.r SERGENT Professeur.

Partie du Maître.

N. B. Au fur et à mesure que l'Elève aura rempli son cahier, il sera bon de le lui retirer.

Observation.

Cet ouvrage est à l'usage des Pensions et de toute maison d'éducation. Les maîtres et maîtresses pourront faire remplir ce mémoire dont la marche est simple, par chacun des élèves d'une même Classe, ils acquerront, par cette méthode, la pratique du calcul et apprendront en même temps à mettre leurs affaires en ordre, lorsqu'ils seront appelés à le faire. Nous savons, par expérience, quel est le pénible fardeau d'un maître chargé d'instruire la jeunesse; c'est pourquoi nous venons le lui alléger en lui donnant des Modèles de Mémoires et diverses questions qu'il serait obligé de leur imposer; la correction seulement devra se faire sur le Tableau noir en présence de tous les élèves.

Une de ces feuilles suffit pour deux jours.

à Paris.

Chez M. Ducrocq, Libraire, rue Hautefeuille, N.° 20.
— M. Girardon, Libraire, rue N.ve Racine, N.° 1. bis.
Chez M. Ebrard, Libraire, rue des Mathurins S.t J. N.° 24.
et chez l'Auteur, rue du Faub.g S.t Antoine N.° 236.

1840.

Lith. P. Bineteau r. des Maçons S.° 3.

N° 1.

Formule d'un Mémoire.

Année 184

1re classe

			F.	C.
16	Janvier	Vendu à François B. pour deux cent quarante francs trente cent. ci	240	30
4	Février	Fait à Henri C. pour deux mille cinq cent quatre-vingt-six francs soixante-douze centimes de travail ci	2586	72
7	Mars	Livré à Louis D. pour douze cent soixante-dix-neuf francs vingt centimes de café et de sucre. ci	1279	20
3	Avril	Vendu à Isidore E. pour quatre mille trois cents francs cinquante centimes de farine. ci	4300	50
18	Mai	Fourni à Stanislas F. pour cinq cent dix-huit francs quinze centimes de farine de lin. ci	518	15
15	Juin	Livré à Emmanuel G. pour deux mille, sept cent dix francs de vin et de liqueur. ci	2710	"
25	Juillet	Vendu à Etienne H. pour cent six francs quatre-vingt-dix-sept centimes de toile. ci	106	97
4	Août	Fourni à Charles I. pour six cent quarante-cinq francs trente-huit centimes d'indigo et autres drogues. ci	645	38
8	7bre	Livré à Timoté L. pour neuf cent soixante-quatre francs de pain et de farine. ci	964	"
17	8bre	Vendu à la femme Pierre M. pour cinquante-huit francs quatre-vingts centimes d'épicerie. ci	58	80
20	9bre	Fourni à Fidel N. pour sept mille soixante-quinze francs quarante-deux centimes de sucre. ci	7075	42
15	Xbre	Livré à Joseph O. pour treize francs de chandelles. ci	13	"
		Total.	20498	44

Formule d'un Mémoire.

Année 184

1re classe

			F.	c.
17	Mars	Un fruitier a présenté son mémoire à M. A. il contenait les livraisons suivantes à lui faites l'année précédente savoir :		
12	Janvier	Fourni pour quatorze francs soixante-dix centimes de pommes de terre	14	70
10	Mars	Livré pour dix-huit cents francs de graines ; tant d'ognons que de poireaux ci	1800	"
3	Avril	Vendu pour seize francs trente-cinq centimes de pommes.	16	35
19	id	Fourni pour quatre-vingts francs cinquante centimes de carottes et de navets ci	80	50
24	Mai	Livré pour douze francs vingt-quatre centimes de salades ci . .	12	24
7	Juin	Vendu pour dix-neuf francs soixante-quinze c. de pois et de choux ci	19	75
14	Juillet	Fourni pour cinq francs soixante centimes de potirons. ci . .	5	60
17	Août	Livré pour vingt-sept francs quinze c.es de choux-fleurs ci	27	15
15	7bre	Vendu pour quarante-cinq francs quatre-vingt-quinze centimes de poires ci	45	95
10	8bre	Fourni pour cinq cent soixante-deux francs dix-huit centimes de raisin ci	562	18
20	9bre	Livré pour sept cent cinquante-six francs quarante-cinq centimes de betteraves ci	756	45
24	id	Vendu pour quatre francs cinq centimes d'artichants.	4	05
		Total.	3344	92

Formule d'un Mémoire.

Année 184

1re classe

			F.	c.
12	Février	Un Md Épicier a présenté son mémoire à M. A., il contenait les livraisons suivantes à lui faites l'année précédente savoir :		
5	Janvier	Fourni pour seize francs quatre-vingts centimes d'huile à brûler ci	16	80
18	id	Livré pour quatorze francs cinquante centimes de sel et de savon ci	14	50
7	Mars	Vendu pour cinquante-huit francs quinze centimes de sucre et de cassonade . . ci	58	15
25	Avril	Fourni pour cinq cents francs quarante centimes de vermicelle et de graine de lin ci	500	40
11	Mai	Livré pour vingt-neuf francs soixante-cinq centimes de mélasse et d'ognons brûlés ci	29	65
20	Juin	Vendu pour six mille soixante-dix francs, quinze centimes de thé et de café. ci	6070	15
14	Juillet	Fourni pour sept cent quarante-deux francs trente cmes d'amidon, de poivre, de sucre candi et d'orge-mondé. ci . . .	742	30
3	Août	Vendu pour cent soixante-dix-huit francs huit centimes de miel, chocolat, fil, passement et ruban. ci . . .	178	08
		Total . .	7610	03

Formule d'un Mémoire.

Année 184

1ère Classe

			F.	c.
2	Février	Un maréchal a présenté son mémoire à M. B. contenant les livraisons suivantes, à lui faites l'année précédente savoir:		
15	Janvier	Ferré deux chevaux des quatre pieds pour trois francs cinquante c.	3	50
12	Février	Fourni 6 crampons de porte pour un franc vingt-cinq c.	1	25
5	Mars	Livré 24 binettes, 22 à 1f 30c, et deux à 3f 50 centimes pour quarante francs, ci	40	"
10	Avril	Fourni quatre clinches pour quatre francs quinze c. ci . .	4	15
18	Mai	Livré 3 verroux avec leurs crampons pour trois francs cinquante centimes ci	3	50
1er	Juin	Fourni les bandages de trois paires de roues;		
		La 1ère pour cinquante-six francs, ci	56	"
		La 2e pour trente-huit francs ci	38	"
		La 3e pour vingt-huit francs ci	28	"
14	Juillet	Livré une bêche pour trois fr. cinq centimes	3	05
21	Août	Fourni deux serrures et clefs pour sept francs soixante-dix-huit centimes ci	7	78
4	7bre	Livré 3 happes pour neuf francs quatre-vingt-dix centimes ci	9	90
15	8bre	Fourni une coignée pour cinq fr. vingt-cinq c. ci . . .	5	25
			200	38

Formule d'un Mémoire.

Année 184

1re classe

			f.	c.
17	8bre	Un boucher a présenté son mémoire à M. B. il contenait les livraisons suivantes à lui faites l'année précédente savoir :		
25	Janvier	Livré pour quarante-cinq francs cinquante centimes de mouton ci …	45	50
29	id	Vendu pour quatre vingt-six francs soixante-cinq centimes de porc ci	86	65
14	Mars	Fourni pour cinquante neuf francs de pâté ci	59	"
27	Avril	Livré pour quatre cent dix-huit francs vingt-cinq centimes de graisse de mouton ci	418	25
10	Juin	Vendu pour cent six francs quinze centimes de cretons ci …	106	15
23	Juillet	Fourni pour quinze mille quatre francs soixante dix-huit centimes de sain-doux ci	15 004	78
2	Août	Livré pour deux francs cinquante cinq centimes de suif ci	2	55
14	id	Vendu pour quatorze francs cinq centimes de pieds-de-veau ci . .	14	05
26	7bre	Fourni pour six francs de côtelettes ci	6	"
19	8bre	Livré pour soixante trois francs dix centimes de jambons ci .	63	10
12	9bre	Vendu pour six cent douze francs quatre-vingt-dix centimes de bœuf et de veau ci	612	90
28	Xbre	Fourni pour cinq mille quatre cent quarante huit francs vingt-cinq centimes de crépinettes ci	5448	25
		Total	21-8 67	18

Formule d'un Mémoire.

Année 184

1ère classe

			F.	c.
13	Juillet	Un débitant de boissons a présenté son mémoire à M. A. il contenait les livraisons suivantes à lui faites en l'année précédente, savoir :		
6	Janvier	Vendu à M. A. 45 litres de vin rouge pour trente quatre francs vingt-cinq centimes ci	34	25
24	Mars	Fourni 15,8 litres de Vin blanc pour vingt-six francs ci . .	26	"
18	Avril	Vendu deux litres de cognac pour trois francs cinquante cs. ci . .	3	50
28	Juin	Livré une pièce de vin de Champagne pour cent quinze francs quatre-vingts centimes ci	115	80
5	Juillet	Fourni 4 litres de cassis pour cinq francs quinze cmes ci . .	5	15
12	Août	Vendu 8,5 litres de Rhum pour quinze fs dix cmes ci	15	10
22	id	Livré 12,7 litres de kirsch pour vingt-trois fs cinq cs	23	05
4	9bre	Fourni 30,6 litres de bière de Mars pour douze fs quinze cs ci .	12	15
24	id	Vendu une pièce d'eau-de-vie pour deux cent quatre francs soixante-quinze centimes ci	204	75
16	7bre	Livré 24,8 litres d'anis pour trente et un francs ci . .	31	"
26	8bre	Fourni 14,4 litres de liqueur pour vingt-cinq francs dix centimes ci	25	10
		Total . . .	495	85

Formule d'un Mémoire.

Année 184

1ère classe

			F.	C.
10	Juin	Un maçon a présenté son mémoire à M. D. il contenait les ouvrages suivants à lui faits l'année précédente savoir :		
18	Avril	Fait une cheminée simple, de cabinet pour cinquante trois francs cinquante centimes ci	53	50
4	Mai	Fait une cheminée de Cuisine pour soixante quatre fr. ci	64	"
23	id	raccommodé un mur pour sept francs vingt cinq Ces ci	7	25
13	Août	Fait un four pour vingt neuf francs quinze Cmes ci	29	15
26	7bre	Travaillé 4 jours ½ à un puits pour seize francs dix Ces ci	16	10
5	8bre	Pavé un cabinet et un corridor pour dix-huit francs quatre vingt-huit centimes ci	18	88
18	id	Plafonné une chambre pour quarante-deux francs cinquante centimes ci	42	50
14	9bre	Fait une muraille en briques pour deux cent cinquante neuf francs soixante centimes ci	259	60
26	id	Fait un pignon à aile à son écurie pour soixante-quatorze francs quarante centimes ci	74	40
8	Xbre	Percé un puits et maçonné pour trois cent quinze francs soixante-cinq centimes ci	315	65
		Total	881	03

Formule d'un Mémoire.

Année 184

1ère classe

			F.	c.
25	Avril	Un menuisier a présenté son mémoire à M. B., il contenait les livraisons suivantes à lui fournies en l'année précédente savoir :		
7	Mai	Livré deux croisées en bois de chêne.		
		La 1ère pour quinze francs quarante-cinq centimes ci	15	45
		La 2e pour onze francs trente-cinq centimes ci	11	35
15	Juillet	Fourni une porte en bois blanc pour treize francs ci	13	"
		plus la couleur pour trois francs quinze cmes ci	3	15
		et ferrure pour deux francs cinquante cmes ci . .	2	50
18	7bre	Fourni quatre paires de persiennes ; deux pour vingt-sept francs trente cinq centimes ci	27	35
		et deux, pour dix-huit francs cinq centimes ci .	18	05
22	8bre	Livré deux tables ; l'une en chêne pour seize francs ci	16	"
		et l'autre en noyer pour onze francs quinze cmes ci	11	15
3	9bre	Vendu deux armoires, une grande en bois blanc pour trente-huit francs vingt-cinq centimes ci . .	38	25
		et l'autre en bois de cerisier pour cinquante-huit francs soixante-quinze centimes ci	58	75
20	Xbre	Raccommodé deux tables pour six francs ci . .	6	"
		et un bois de lit pour quatre francs dix centimes ci . .	4	10
		Total	225	10

Formule d'un Mémoire.

Année 184

1ère classe

			F.	c.
14	7bre	Une armée, disposée en bataille était composée de six		
		colonnes de soldats, savoir :		
		La 1ère était forte de six mille deux cents hommes. ci...	6 200	"
		La 2e. de quatorze mille huit cent dix ci....	14 810	"
		La 3e de dix mille quatre cent cinquante-six ci.	10 456	"
		La 4e de dix-huit mille neuf cent vingt-cinq ci..	18 925	"
		La 5e de quatre mille cent hommes ci..	4 100	"
		La 6e de cinq mille vingt-cinq ci..	5 025	"
		On demande combien il y avait de soldats dans l'armée? R.	59 516	"
26	8bre	Un Md. de mulets, voyageant avec son troupeau fut		
		rencontré par un loup qui épouvanta sa troupe, de sorte		
		que le Md. ne put en retenir que vingt-neuf, et dix-		
		huit qui prirent la fuite. On demande combien		
		le marchand avait de mulets? R......	47	"
9	9bre	Une personne avait chez elle quatre volières:		
		Dans la 1ère, il y avait quatorze serins ci....	14	"
		Dans la 2e quinze linottes. ci....	15	"
		Dans la 3e dix-huit chardonnerets ci....	18	"
		Dans la 4e treize pinsons. ci...	13	"
		On demande combien la personne avait d'oiseaux? R...	60	"

Formule d'un Mémoire.

Année 184

1ère classe

			F.	c.
24	Mars	Un Ouvrier a travaillé chez un maître pendant 6 mois ;		
		Le 1er mois, il a gagné soixante-quatre Francs cinq cmes ci.	64	05
		Le 2e. Soixante-quinze Francs cinquante Ces ci.	75	50
		Le 3e. quatre-vingts francs dix centimes ci . . .	80	10
		Le 4e. quatre-vingt-dix Francs quinze centimes ci.	90	15
		Le 5e quatre-vingt-seize Francs huit Centimes ci . .	96	08
		Le 6e. Cent quatre Francs ci	104	"
		On demande combien le dit ouvrier a gagné		
		dans les six mois ? Réponse ci . . .	509	88
17	Juin	Un Me. Tailleur a 8 ouvriers qui travaillent chez lui ;		
		Le 1er garçon gagne Seize Francs dix cmes par Semaine ci.	16	10
		Le 2e. Douze Francs soixante centimes ci . . .	12	60
		Le 3e. Dix Francs quarante centimes ci . . .	10	40
		Le 4e. neuf Francs quinze centimes ci . . .	9	15
		Le 5e. huit Francs cinq centimes ci . . .	8	05
		Le 6e. Six Francs quatre-vingts centimes ci . . .	6	80
		Le 7e. Cinq Francs soixante centimes ci . . .	5	60
		Le 8e quatre Francs trente centimes ci	4	30
		Plus, un pourboire de Cinq Francs entr'eux. on demande	5	"
		combien le Maître a à payer par Semaine ? R. . . .	78	00

(11)

Formule d'un Mémoire.

Année 184

1ère classe			f.	c.
26	Janvier	Vendu à Maximin K. pour cinq cent vingt-huit mille trois cent dix-neuf francs cinq centimes de bijouterie. ci	528 319	05
28	id	Livré à Boniface B. pour mille huit cents francs soixante-quinze centimes de cire blanche ci	1 800	75
17	Avril	Fourni à Claude C. pour douze francs vingt-cinq centes de vin et d'eau-de-vie ci	12	25
25	Mai	Vendu à Médard D. pour neuf mille cinq cent deux francs quatre-vingts centimes de futailles ci	9 502	80
10	Juin	Livré à Augustin E. pour cent quinze mille trois cent trente-neuf francs dix centimes de sabots ci	115 339	10
29	Juillet	Fourni à F. pour soixante-deux mille deux cent trois francs quarante-cinq centimes de thé, et guimauve ci . .	62 103	45
6	Août	Vendu à Thomas G. pour quinze cents francs de fer ci .	1 500	»
24	id	Livré à François H. pour quatre francs de soie ci .	4	»
12	7bre	Fourni à Alexandre I. pour cent mille quarante francs huit centimes de liqueur ci	100 040	08
25	8bre	Vendu à Benoît L. pour dix-huit mille cinq cent soixante-six francs deux centimes de cidre. ci . . .	18 566	02
		total . . .	837 187	50

Formule d'un Mémoire.

Année 184

1ère classe

			f.	c.
12	Février	Vendu à Félix A. pour onze cents francs deux centimes de papier et de plumes ci	1100	02
28	id	Livré à Casimir B. pour treize mille douze francs vingt-huit centimes de faïence ci	13 012	28
11	Mars	Fourni à Victor C. pour deux cent quatre francs neuf centimes de fer et de houille ci	204	09
24	id	Vendu à Édouard D. pour huit cent cinquante deux francs de paille et de foin ci	852	"
20	Juin	Livré à Abraham É. pour vingt-trois mille cinq francs soixante quinze centimes de bestiaux ci . . .	23 005	75
17	7bre	Vendu à Eustache F. pour trente sept mille quatre cents francs quinze centimes de pierres ci	37 400	15
15	8bre	Fourni à Denis G. pour cent vingt mille trois cent quarante-six francs soixante dix-huit centimes de bois. ci . .	120 346	78
23	9bre	Livré à Parfait H. pour treize cents francs quatre-vingt-dix centimes de lard. ci	1 300	90
16	Xbre	Vendu à Jean Bte J. pour cinq cent trente deux fr. soixante-quinze centimes de chaux et de briques. ci . .	532	75
		Total.	197 754	72

Formule d'un Mémoire.

Année 184

1re classe

			F.	c.
12	Janvier	Vendu à Hypolite A. pour six mille deux francs vingt-cinq centimes de tabac. ci	6002	25
17	id	Livré à Alphonse B. pour quarante neuf mille neuf cent cinquante trois francs de blé et de seigle. ci	49953	"
25	Avril	Fourni à Benoni C. pour treize cent dix-huit francs dix centimes de vin et de volaille. ci	1318	10
10	Juillet	Vendu à Lucien D. pour cent dix-sept francs deux centimes de vermicelle et de riz. ci	117	02
14	id	Livré à Furcy E. pour douze mille quatre cent vingt-cinq francs de bestiaux et de fourrage. ci	12425	"
19	8bre	Fourni à Vincent F. pour trois mille cinq cent cinquante-deux francs soixante quinze centimes de fruits. ci	3552	75
26	id	Vendu à Ignace G. pour neuf mille six cent quatre-vingt-dix-huit francs quinze centimes de trèfle. ci	9698	15
21	9bre	Livré à Jn. Bte. H. pour trois cents francs cinq centimes de cuir et de clous. ci	300	05
15	id	Vendu à Marc I. pour cinquante mille francs de terrain. ci . .	50000	"
10	xbre	Fourni à Emile L. pour trente-quatre mille onze francs soixante-cinq centimes de vesce et autres graines. ci	34011	65
		total.	167377	97

Formule d'un Mémoire.

Année 184

1re classe

			F.	C.
8	Mars	Vendu à Désiré A. pour quinze mille quinze francs sept centimes de vinaigre ci	15 015	07
12	id	Fourni au même pour seize cents francs vingt-cinq centimes de couleurs et d'essence ci	1 600	25
26	Juin.	Livré à Constantin B. pour neuf francs de clous ci . .	9	"
10	Juillet	Vendu à Philippe C. pour neuf cent-cinq francs seize centimes de confiture et de vin blanc ci	905	16
29	id	Fourni au même pour treize francs dix centimes de soie.	13	10
12	Août	Livré à Hubert D. pour deux mille quarante cinq francs de tourbes et de bois ci	2 045	"
9	id	Vendu à Domice E. pour sept cent quatre mille onze francs cinquante-cinq centimes de blé ci . . .	704 011	55
16	7bre	Fourni à Ernest F. pour quatre mille cent francs de farine de moutarde, et de lin ci	4 100	"
13	8bre	Livré à Nicolas G. pour dix-sept cents francs d'ardoises, de lattes et de clous ci	1 700	"
25	9bre	Vendu à Adrien H. pour quarante-six francs dix-huit centimes de fromage de Gruyère ci	46	18
4	xbre	Fourni à Paul I. pour neuf francs deux cmes de tabac ci . .	9	02
		total	729454	33

Formule d'un Mémoire.

Année 184

1re classe

			F	c
14	Janvier	Vendu à Louis A. pour seize mille quatre cent vingt-huit francs, soixante-quinze centimes de miel - ci	16 428	75
23	id	Fourni à Clément B. pour mille deux cent quatorze francs neuf centimes de vinaigre	1 214	09
11	Avril	Livré à Gervais C. pour trois cent trente mille, quarante-cinq Fr. soixante-cinq centimes de bestiaux ci	330 045	65
15	Juillet	Vendu à Jacques D. pour quatre-vingt-dix mille neuf cent neuf francs vingt-cinq centimes de drap ci ...	90 909	25
14	Août	Fourni à Amédé E. pour quinze mille huit cent cinquante-deux francs seize centimes de terre ci ..	15 852	16
23	7bre	Livré à Remi F. pour cinq mille trente et un francs vingt centimes de bois ci	5 031	20
30	id	Vendu à Narcisse G. pour cinquante-six mille onze francs quatre-vingt-quinze centimes de fer ci	56 011	95
6	8bre	Fourni au même pour neuf mille quarante francs trente-six centimes d'ardoises et de pannes ci ...	9 040	36
14	id	Livré à Justin H. pour trente-deux mille cinq cent seize francs vingt-cinq centimes de sucre ci ...	32 516	25
19	9bre	Vendu à Jérôme I. pour quarante-neuf francs soixante-douze centimes de toile ci ...	49	72
		Total	557 099	38

Instruction sur la numération, et sur l'addition des Fractions.

Il y a deux sortes de numérations, la numération parlée et la numération écrite. La numération parlée consiste à exprimer les nombres possibles, par l'organe de la parole. La numération écrite a pour but de représenter les nombres, à l'aide de dix caractères appelés chiffres, qui sont :

un, deux, trois, quatre, cinq, six, sept, huit, neuf et zéro.

ou, 1, 2, 3, 4, 5, 6, 7, 8, 9, 0.

Ces chiffres dont nous nous servons viennent des Arabes ; nous parlerons peu de la numération, vu que les bornes de cet ouvrage ne le permettent pas, le maître étendra cette première branche de l'arithmétique. L'essentiel pour bien nombrer un nombre quelconque, c'est de le couper en tranches, c'est-à-dire, trois chiffres par trois chiffres. La 1ère tranche à droite représente les unités simples ; La 2e les mille ; La 3e les millions ; La 4e les billions ; La 5e les trillions ; La 6e les Quatrillions ; La 7e les Quintillions ; La 8e les Sextillions. Les tranches se décomposent ainsi ; La 1ère colonne à droite marque les unités de cette tranche, la 2e les dizaines et la 3e les centaines.

Les chiffres à droite de ceux dont nous venons de parler, s'appellent chiffres décimaux, ou les décimales ; ils se nombrent comme les autres ; la 1ère tranche a le nom de Millième ; la 2e Millionième et la 3e Billionième ; mais la connaissance de ces tranches est de peu d'importance, surtout les deux dernières.

De l'addition des Fractions.

Pour faire l'addition des fractions, il faut d'abord les réduire en même dénomination, si elles n'y sont pas ; (nous parlerons au cahier 4e de la manière de réduire plusieurs fractions en même dénomination) ensuite ajouter tous les numérateurs ensemble ; comme fraction est composée de deux termes ; le plus petit, celui au-dessus, s'appelle numérateur, et celui au-dessous dénominateur et si le produit des numérateurs est plus grand que le dénominateur, c'est que la fraction vaut plus d'un entier, alors vous divisez le numérateur par le dénominateur et le quotient donne le résultat. Ex. Combien y a-t-il d'entiers dans les fractions $\frac{5}{8}$ $\frac{3}{8}$ $\frac{7}{8}$ $\frac{1}{8}$. Je dis 5 et 3 font 8, et 7 font 15, et 1 font $\frac{16}{8}$, il est évident que $\frac{16}{8}$ font 2 entiers, puisque le Numérateur contient deux fois le Dénominateur. Vous remarquerez que le Dénominateur représente l'entier, c'est-à-dire, qu'il marque en combien de parties égales il est divisé et le Numérateur indique combien on a pris de ces parties. Une personne a $\frac{1}{2}$ aune de drap, $\frac{1}{2}$ de toile, et $\frac{1}{2}$ aune de percale, combien a-t-elle d'aune ? 1, $\frac{1}{2}$ aune ; vous dites ; 3 fois le numérateur 1 égale $\frac{3}{2}$, ou un entier, et il reste une demie.

N° 2.

Formule d'un Mémoire.

Année 184

2e classe

			F	c
6	Janvier	Prêté à Athanase A. cinq mille quinze Francs quarante-cinq cmes ci	5015	45
12	Avril	Le dit A.A. m'a rendu deux mille sept cent vingt-cinq Francs		
		quatre-vingt-dix centimes ci	2725	90
		Combien me doit-il encore? Réponse	2289	55
"	Juin	Joseph B. m'a prêté neuf cents francs vingt-cinq centimes ci . . .	900	25
12	Juillet	Je lui ai rendu cinq cent quarante-cinq Francs cinquante huit Ces ci	545	58
		Combien lui dois-je encore? R.	354	67
25	Août	Vendu pour trente mille, trente neuf Francs cinq centimes ci	30039	05
		reçu à compte treize cent dix-neuf Francs soixante centimes ci	1319	60
		Combien m'est-il encore dû? R.	28719	45
2	7bre	Une Personne a entrepris trente mille vingt mètres d'ouvrage ci . .	30020	"
		elle en a fait dix-sept mille huit cent quarante-quatre ci . .	17844	"
		On demande combien il lui en reste à faire? R. . . .	12176	"
24	id	Un Ouvrier a gagné mille cinquante-sept Francs dix ces ci	1057	10
		il a reçu à compte six cent soixante quatorze fr trente deux ces ci	674	32
		Combien doit-il encore recevoir? R.	382	78
18	8bre	J'ai prêté à une Personne six cent dix bottes de paille ci . .	610	"
4	9bre	elle m'en a rendu quatre cent quarante-huit ci	448	"
		Combien m'en doit-elle encore? R.	162	"
7	xbre	Vendu pour sept cent huit Francs cinq centimes de Mdse ci	708	05
24	id	reçu à compte cent cinquante trois Francs seize ces ci . . .	153	16
		Combien m'est-il encore dû? R.	554	89

Formule d'un Mémoire.

année 184

2e classe

			F.	c.
24	Mai	Une personne a gagné quinze mille trois cent vingt Francs cinquante centimes ci	15 320	50
13	Juin	avec cette somme, elle a fait un Paiement de six mille trois cent quarante-cinq Francs soixante quinze Cent. ci . .	6 345	75
14	Août	et un autre de deux mille huit cent seize Francs dix c. ci . .	2 816	10
		on demande Combien il lui est resté d'argent	9 161	85
		Réponse ci	6 158	65
11	7bre	Des navigateurs sont partis de la mer des Indes le 26 Juillet 1806, et sont arrivés à Cherbourg le 19 8bre 1808, on demande Combien ils ont mis de Temps en Voyage ? R.	2 ans 2 mois 23 jours	
26	8bre	J'ai acheté pour neuf mille quarante Francs vingt-cinq centimes de Fonds ci	9 040	25
		Je n'avais, pour payer comptant que, cinq mille deux cent cinquante-neuf Francs quarante centimes ci	5 259	40
		Combien m'est-il resté à payer ? R.	3 780	85
19	9bre	Un Enfant a fait une dette de onze Francs onze sous et demi ci	11	575
4	Xbre	il a payé à compte sept Francs soixante quinze c. ci . .	7	750
		Combien lui est-il resté à payer R	3	825

Formule d'un Mémoire

année 184

2e classe

			F.	c.
22	Janvier	Un loup est entré dans une bergerie, où il a fait un		
		grand carnage, dix-huit bêtes ont été égorgées ci . .	18	"
		cinquante-cinq ont pris la fuite ci	55	"
		On demande, sur deux cent cinq qu'il y avait ci	205	"
		Combien il en est resté dans la bergerie ? R. . . .	132	"
17	Février	une Personne est née le 25 Avril 1783, et est morte le		
		12 7bre 1835, Combien a-t-elle vécu ? R.	52 ans 4 mois 17 jrs	"
20	Avril	J'ai obtenu cinq mille huit cent quarante Francs cinquante		
		Centimes de dot ci	5840	50
		Je n'ai plus que trois mille neuf cent dix-neuf Francs		
		quatre-vingt-dix-huit centimes ci	3919	98
		Combien ai-je dépensé ? R.	1920	52
28	Mai	Un Tisserand a une pièce de toile de deux cent quarante-		
		cinq aunes à faire ci	245	"
21	Juin	il en avait cent quatre-vingts aunes de tissées ci . .	180	"
		On demande, combien il lui en restait à faire ? R . . .	65	
18	Juillet	Un Cultivateur a vendu pour seize mille vingt-cinq		
		Francs soixante centimes de Colzat ci	16025	60
		Il a reçu comptant neuf mille quatre cent dix Francs ci . .	9410	"
		Combien lui reste-t-il à recevoir ? R.	6615	60

Formule d'un Mémoire.

Année 184

2e classe

			F.	c.
23	Mars	Un M. a acheté sept cent trente-cinq kilogrammes de sucre ci..	735	"
		Il ne lui en a été fourni que deux cent quarante-cinq ci..	245	"
		Combien lui en est-il encore dû ? R.	490	"
2	Avril	Un Ouvrier a fait cinq mille quarante mètres d'ouvrage ci.	5040	"
		Un Autre en a fait quatre mille sept cent dix-huit ci...	4718	"
		Combien le Premier en a-t-il fait plus que le second ? R.	822	"
19	Juillet	Un M. a vendu une certaine quantité de citrons, sept cent-		
		quatre Francs, quarante centimes ci	704	40
		Sur quoi, il a gagné trente deux Frs vingt-cinq centimes ci..	32	25
		Combien avait-il déboursé pour en faire l'achat ? R. ..	672	15
27	Août	On demande quel est le nombre qui, étant ajouté à neuf	...11200 ...9166	"
		mille cent soixante-six, fasse onze mille deux cents ? R...	2034	
8	7bre	Un M. avait une pièce de drap de deux cent quatre-		
		vingt-seize mètres ci	296	"
15	id	Il en a vendu cent dix-neuf mètres quatre centimètres		
		à une Personne ci	119	04
		On demande combien il lui en est resté ? R.	176	96
15	9bre	Une Personne a récolté trois cents hectolitres de vin ci	30000	"
		Elle en a bu quinze cents litres vingt-cinq centilitres ci..	1500	25
		Combien lui en est-il resté ? R.	28499	85

Formule d'un Mémoire.

Année 184

2e classe			F.	c.
13	Février	Une demoiselle demandait à sa compagne, quelle est		
		la différence des deux nombres, seize mille quinze ci..	16 015	"
		et onze mille quatre cent quarante-neuf ci....	11 449	"
		quelle réponse devait-elle lui donner? ci....	4 566	"
2	Mai	Une ville a une garnison forte de soixante mille cinq-		
		cents hommes ci..........	60 500	"
15	Juillet	On en a fait sortir treize mille huit cent quarante ci...	13 840	"
		on demande combien il est resté de monde? R......	46 660	"
27	Juin	Un maçon a vingt-trois mille mètres carrés de pavage à faire ci	23 000	"
		Il en a déjà confectionné quinze mille sept cent dix-huit ci...	15 718	"
		Combien lui en reste-t-il à faire? R........	7 282	"
6	Juillet	Un homme a créé une rente le 20 8bre 1793; elle ne		
		lui a été payée que le 14 Juin 1805.		
		On demande combien il lui est dû d'années, de mois		
		et de jours? R..............	11 ans 7 mois 24 js	"
5	Août	Un Laboureur a trouvé, en cultivant la terre, cinq mille		
		deux cent soixante-quinze Francs ci........	5 275	"
		Il a placé cette somme au trésor public; excepté, dix-neuf cents fr ci	1 900	"
		qu'il a gardés, combien a-t-il versé? R.....	3 375	"

Formule d'un Mémoire.

année 184.

2e classe

			F.	c.
20	Janvier	On a trouvé une pièce de monnaie qui a pour date,		
		1767. Combien y a-t-il d'années qu'elle est faite?		
		Réponse ci		
7	Mars	On pêche un poisson qui pèse 13 livres nouvelles ci . .	13	,,
		on en pêche un second qui pèse 5, 8 Kilogrammes ci . .	11	6
		Combien l'un pèse-t-il plus que l'autre? R . . .	1	4
15	Avril	Un débiteur devait à son créancier, cinq mille		
		quatre cent trente-deux francs douze c. ci . . .	5 432	12
21	Mai	Il a payé à compte, quatre mille huit cent		
		soixante-dix francs cinquante centimes ci . . .	4 870	50
		Combien doit-il encore? R	561	62
15	Juin	J'ai emprunté cent quarante-cinq gerbées ci . .	145	,,
16	Août	J'en ai rendu cinquante-six ci	56	,,
		Combien en devais-je encore? R . . .	89	,,
4	8bre	Pierre a récolté pour neuf mille vingt-deux francs		
		cinquante centimes de vin ci . . Paul en a récolté	9 022	50
		pour sept mille vingt francs ci	7 020	,,
		combien l'un a-t-il fait d'argent plus que l'autre R.	2 002	50

Formule d'un Mémoire.

Année 184

2e classe

			F.	c.
23	Janvier	On demande quels sont les deux nombres, dont la somme est 166, et leur différence 22. R.	94 et 72	.
7	Juillet	Je mets 862 pommes dans un panier ci . . .	862	"
		J'en donne quarante-deux à mon frère ci . .	42	"
		et trente-sept à ma sœur ci	37	"
		Combien dois-il m'en rester ?	79	"
		Réponse ci	783	"
25	Août	On a pesé un litre d'eau distillée, et on a trouvé qu'il pèse un kilogramme ; si l'on pèse un hectolitre, combien doit-il peser ? R.	100 k.	
2	7bre	On pèse un Franc, et l'on trouve qu'il équivaut à cinq grammes. Pour obtenir deux kilogrammes, combien faudra-t-il de pièces cinq Francs ? R. . .	80	
25	id	Un jeune homme dit qu'il lui manque deux cent-six Francs, soixante-cinq centimes ci	206	65
		pour avoir quinze cent-deux Francs quinze centimes ci . .	1502	15
		on demande combien le jeune homme a d'argent ? R.	1295	50

Formule d'un Mémoire

Année 184

2e classe

			F.	c.
6	Juin	On demandait à quelqu'un, quel âge il avait, il répondit : Si j'avais encore vingt-trois ans, j'aurais autant que mon père, qui en a cinquante-cinq . ci	55	"
		On demande l'âge du Fils ? Réponse . .	32	"
27	7bre	On demandait à un berger, combien il avait de moutons dans son troupeau, il répond : avant mon accident, j'en avais trois cent-dix . ci	310	"
		mais des loups m'en ont égorgé dix-huit ci . . .	18	"
		et vingt-trois, qu'il m'est mort ci	23	"
		On demande le nombre de moutons qu'il restait ? R. . .	269	"
23	id	Des voleurs sont entrés dans un appartement, et se sont emparés d'une somme d'argent de trois mille deux cents francs ci	3 200	"
		en s'enfuyant, ils ont perdu huit cent dix-neuf francs quatre-vingt-cinq centimes . ci	819	85
		On demande combien ils ont enlevé d'argent ? R.	2 380	15
15	8bre	Un Enfant a ramassé six-cent quatre-vingts noix ci	680	"
		il lui en reste encore quatre-cent trente-cinq ci . .	435	"
		Combien en a-t-il mangé ? R	245	"

Formule d'un Mémoire

Année 184

2e classe

			F.	c.
12	Avril	Un Enfant avait vingt trois Francs soixante cen ci	23	60
		il en a dépensé la moitié, plus soixante-quinze centimes ci ..	12	55
		Combien lui est-il resté d'argent ? R	11	05
17	Juin	Une épidémie a fait périr deux cent trente huit Personnes	238	"
		dans une commune, dont la population s'élevait à dix-		
		sept cents âmes ci	17 000	"
		Combien y en a-t-il eu d'épargné ? R	16 762	"
22	Juillet	Un Ouvrier gagne seize Francs cinquante centimes		
		par semaine ci	16	50
		il dépense pour ses frais de nourriture et onze		
		Francs quatre-vingt dix centimes ci	11	90
		Combien lui reste-t-il de gain ? R . . .	4	60
18	Août	Une Personne a acheté pour trois mille deux cent-		
		cinquante Francs de marchandises ci	3 250	"
		Elle n'avait, pour payer comptant, que dix huit cents Francs ci	1 800	"
		Combien lui manquait-il ? R	1 450	"
4	8bre	On a fait quarante-cinq lieues ci	45	"
		sur trois cent-vingt-cinq ½ ci	325	½
		Combien en reste-t-il à faire ? R	280	½

Formule d'un Mémoire.

Année 184

2e classe			F.	c.
24	Juin	Une personne a fourni pour cinquante-sept mille quatre-vingt-trois Francs de marchandise ci	57 083	"
		elle a reçu à compte, vingt-neuf mille, huit cent-vingt-sept Francs cinquante centimes ci	29 827	50
		Combien lui est-il encore dû ? R	27 255	50
10	Juillet	Mr Md a entrepris un commerce, et y a gagné deux mille six cent-douze Francs vingt-cinq centimes ci . . .	2 612	25
23	7bre	il a essuyé une perte de treize cent quatre-vingts Francs cinquante-huit centimes ci	1 380	58
		Combien lui est-il resté d'argent ? R . .	1 231	67
4	8bre	Une Personne a donné à son enfant, trente-cinq-Francs dix centimes, pour acheter des marchandises. ci . .	35	10
		L'enfant n'en a acheté, que pour vingt-sept Francs quatorze sous ci	27	70
		Combien a-t-il dû remettre à son Père ? R.	7	40
19	9bre	Une personne a acheté pour neuf mille-six cents fr ci	9 600	"
		elle n'avait pour payer, que cinq mille huit cent-vingt fr ci	5 820	"
		combien a-t-il fallu qu'elle empruntât ? R.	3 780	"

Formule d'un Mémoire

année 184

2e classe

			F.	c.
13	Juin	Un Voyageur partit de son pays pour un voyage de		
		deux cent quatorze lieues ci	214	"
		Les trois premiers jours, il fit cinquante sept lieues		
		et demie . ci	57	$\frac{1}{2}$
		Les deux suivants, trente-cinq, trois-quarts ci . .	35	$\frac{3}{4}$
		Combien lui en est-il resté à faire ? R	120	$\frac{3}{4}$
26	Juillet	Un M. a acheté deux cent-vingt-trois kilogrammes		
		huit décag. huit grammes de Marchandise ci	223k088	"
17	Août	Il en a vendu quatre-vingt-dix-huit kilog. sept hectog.		
		deux grammes ci	98k702	"
		Combien lui en est-il resté à vendre ? R . . .	124,386	"
18	7bre	Un Enfant a maintenant treize Francs quarante-		
		cinq centimes ci	13	45
		Combien faut-il qu'il fasse encore d'épargne pour		
		avoir mille six cent-trente Francs quinze centimes ci . .	1630	15
		Réponse ci	1616	70
13	8bre	un jeune homme gagne deux Francs soixante c. par jour ci	2	60
		il dépense 27 Sous ci	1	35
		combien lui reste-t-il ? R .	1	25

Formule d'un Mémoire.

Année -184

2e classe

			F.	C.
17		Un enfant, chargé d'une commission, alla au payeur voisin		
		pour y recevoir deux-mille quatre cent-deux Francs. ci	2 402	"
		Cet enfant, craignant que les voleurs lui enlèvent cette		
		somme, mit deux cents francs dans sa chaussure. ci	200	"
		huit cents francs dans sa poche. ci	800	"
		et le reste; il le mit dans son mouchoir, pour laisser		
		croire que c'était tout ce dont il était porteur;		
		Comme la peur n'évite pas le danger; le pauvre petit messager		
		fut volé de la somme qu'il avait déposée dans son mouchoir.		
		on demande combien les voleurs lui ont pris? R.	1 402	"
25	7bre	Un autre enfant, qui avait vingt-trois sous en liards		
		dans sa poche ci	92	"
		Courut sans précaution, et en rentrant s'aperçut qu'il n'en		
		avait plus que cinquante-sept ci	57	"
		Combien en a-t-il perdu? R	35	"
12	9bre	Un autre, étant dans une maison s'approcha si près d'une		
		croisée, qu'il en cassa 4 carreaux pour 24 sous ci	1	20
		alors, n'ayant que 13 sous à donner. ci		65
		Combien lui en restait-il à payer R.		55

Formule d'un Mémoire.

Année - 184

2e classe

			f.	c.
7	7bre	Un Père riche de quatre cent mille Francs. ci	400 000	"
		Ayant eu le malheur de perdre ses enfants chéris, usa de charité		
		envers des familles indigentes, et distribua sa fortune comme suit :		
		à la 1re comme étant la plus nécessiteuse, donna vingt mille		
		neuf cents francs cinquante centimes ci	20 900	50
		à la 2e douze mille cinquante francs dix centimes ci . . .	12 050	10
		à la 3e huit mille deux cent vingt-quatre francs quinze c. ci	8 224	15
		à la 4e cinq mille sept cent douze francs trente-cinq cmes ci	5 712	35
		à la 5e douze cent vingt francs soixante-cinq centimes ci . .	1 220	65
		à la 6e neuf cent soixante-quinze francs cinq centimes ci	975	05
		On demande combien il est resté de fortune	49 082	80
		au Père généreux ? R.	350 917	20
18	8bre	Un enfant étant en classe, ne s'y est pas bien conduit, alors		
		le maître lui a infligé une punition de sept cent quarante-		
		cinq lignes d'histoire ci	745	"
		Ce jour là, il en savait déjà trois cent soixante-huit ci . . .	368	"
		Combien lui en restait-il à apprendre ? R	377	"
7	9bre	Une personne en [illegible] dans la rue heurta contre un panier d'œufs, contenant deux		
		mille cinq cents ci	2 500	"
		il en est encore resté treize cent vingt-neuf intacts ci	1 329	
		combien y en a-t-il eu de cassés ? R	1 171	"

Formule d'un Mémoire.

Année 184

2e class.

			F.	c.
24	Avril	Une armée est partie pour livrer bataille ; à son départ,		
		elle était composée de quarante-six mille hommes ci ..	46 000	"
		Et à sa rentrée, elle n'en avait plus trente-sept mille cinq		
		cent quarante-deux ci	37 542	"
		On demande combien il en a péri ? Réponse . . .	8 458	"
10	Juillet	Une autre est partie dans le même but, avec quatre-vingt-		
		mille six cents hommes ci	80 600	"
		dans le combat, trois mille quatre cent vingt ont péri ci . .	3 420	"
		et neuf cent cinquante-huit ont déserté ci	958	"
		Combien est-il resté de soldats en activité R. . . .	76 222	"
24	Août	Un Enfant a trouvé, enfouis dans la terre, quinze mille		
		Cinq cent quarante Francs, ci	15 540	"
		Il a donné au propriétaire, quatre mille huit cent cinquante-		
		cinq Francs soixante centimes ci	4 855	60
		et huit cent huit Francs à un de ses amis ci	808	"
		on demande combien il lui est resté d'argent R.	9 876	40
12	7bre	Un boucher a tué une vache qui pesait cinq cent		
		soixante livres ci	560	"
		Le même jour, il en a vendu quatre cent dix-huit liv. ci	418	"
		Combien lui en est-il resté à vendre ? R	142	"

Formule d'un Mémoire.

année 184

2e classe

			f.	c.
13	Mars	Un maître a promis à ses élèves quatre cent dix-neuf volumes, pour récompense de leur sagesse ci . . .	419	"
26	Avril	il ne leur en a délivré que deux cent quarante-cinq ci . . .	245	"
		Combien doit-il encore leur en remettre ? R	174	
14	Mai	Le maître dit à un élève ; que pour gagner un prix au bout du mois, il ne fallait faire que deux cent quatre-vingts fautes ci	280	"
14	Juin	L'élève en a fait trois cent-dix ci	310	"
		Combien en a-t-il fait de trop ? R	30	"
17	Juillet	Un jeune homme a prêté à son camarade, dix-neuf francs et treize sous. ci	19	65
4	Août	Celui-ci, lui a rendu treize francs quatre-vingt-dix c. ci	13	90
		Combien est-il encore dû à celui-là ? R	5	75
24	7bre	J'ai fait un paiement de quatre mille huit cent-dix francs	4810	"
		Sur une dette de neuf mille deux cent huit francs quatre-vingt-cinq centimes ci	9208	85
		Combien dois-je encore ? R	4398	85
9	xbre	Un écrivain a acheté cinq cent quarante plumes ci	540	"
		il en a usé trois cent soixante-trois ci	363	"
		Combien lui en est-il resté ? R	177	"

Instruction sur la soustraction ordinaire, et sur celle des Fractions.

La soustraction a pour but, de retrancher un nombre quelconque d'un plus grand, et le résultat de cette opération, marque la différence qu'il existe entre ces deux nombres ; ou ce qu'il reste du plus grand nombre, après en avoir ôté le plus petit.

Pour faire la soustraction, on place toujours la plus forte somme au dessus de la plus petite, en ayant soin de mettre les chiffres du même ordre, exactement les uns sous les autres ; car on pourrait commettre une erreur ; c'est de rigueur comme pour l'addition.

Ex. soit le nombre cinquante-deux mille, trois cent dix-huit, à retrancher de deux cent-quinze mille, huit cent quarante-neuf. ci.. 215 849.

ci..	215 849.
ôter	52 318.
Différence..	163 531.
Preuve.	215 849

Je ne parlerai pas de la manière de faire une soustraction, le maître en quelques leçons, en donnera l'idée à ses élèves.

De la soustraction des Fractions.

Quand vous voulez faire la soustraction de deux fractions, voyez d'abord, si elles ont le même chiffre au dénominateur, c'est-à-dire au plus fort terme, dans ce cas, on dit que les fractions sont en même dénomination, comme ces deux ci : $\frac{5}{8}$ et $\frac{3}{8}$. Si elles se présentaient ainsi : $\frac{6}{13}$ et $\frac{8}{15}$, vous voyez que les dénominateurs ne sont pas les mêmes comme dans la première règle, alors il faudrait les réduire en même dénomination, vous verrez ces règles au cahier 4e. Si les deux fractions dont vous voulez faire la soustraction se présentent comme $\frac{5}{8}$ et $\frac{3}{8}$, vous n'avez seulement qu'à ôter le numérateur 3, du numérateur 5, il reste donc $\frac{2}{8}$, ou la différence entre les deux Fractions. rien de plus simple à faire, pour celui qui connait la soustraction ordinaire, que la soustraction des fractions qui ont les mêmes dénominateurs. Si vous aviez à soustraire un nombre Fractionnaire par un autre, tels que, 7 aunes $\frac{11}{16}$ et 13. $\frac{9}{16}$, vous diriez de $\frac{9}{16}$ ôté $\frac{11}{16}$, cela ne se peut, on emprunte sur 13, 1 entier qui vaut $\frac{16}{16}$ et 9 qu'il y a font $\frac{25}{16}$, en ôté 11, reste $\frac{14}{16}$ que l'on pose sous les deux fractions. passant ensuite aux aunes, vous dites ; de 12 en ôte 7, reste 5. ainsi la différence des deux nombres fractionnaires est 5 aunes $\frac{14}{16}$. Pour la preuve, vous ajoutez la différence 5. $\frac{14}{16}$ avec 7. $\frac{11}{16}$, en commençant par dire ; 14 et $\frac{11}{16}$ font $\frac{25}{16}$, ou 1 entier $\frac{9}{16}$; 5 aunes et une de retenue font 6, et 7 font 13 aunes $\frac{9}{16}$; il en est de même pour toutes les questions semblables.

Formule d'un Mémoire.

Année 184

3e classe

			F.	c.
14	Janvier	Vendu à Théodore M. 450, 8 mètres de toile à		
		raison de 2f85 le mètre pour	383	18
3	Février	Livré à Joachim B. 206 bottes de paille à		
		raison de 25f50 le o/o* pour	52	53
19	Mars	Fourni à Jean Bte C. 124 aunes de cotonnade		
		à raison de 1f25 le mètre pour	186	"
28	Avril	Vendu à Philippe D. 85, 2 kilog. de cuir à		
		raison de 0f85 l'un pour	72	42
15	Mai	Livré à Celestin E. 14, 30 kilog. de beurre		
		à raison de 0f90 la livre métrique pour. .	25	74
10	Juin	Fourni à Zenobe F. 18 pains de sucre pesant		
		chacun 6, 3 kilog. à raison de 1f75 le kilog. p. .	198	45
13	Juillet	Vendu à Nicolas G. 2420 fagots à raison de		
		36f25 le o/o pour	877	25
5	Août	Livré à la Vve H. 22, 46 kilog. de cassonade		
		moyennant 1f20 la livre ancienne pour. . . .	55	05
16	7bre	Fourni à la Vve honorine J. 26, 8 mètres de ruban		
		en soie, à 1f50 l'aune pour	33	75
12	8bre	Livré à Alexandre K. 24 bottes de lattes à 3f10		
		la botte pour	74	40

* cette marque signifie cent.

Formule d'un Mémoire.

Année 184

3e Classe

			F.	C.
25	Janvier	Vendu à Timothé F. 1504 briques à raison de 18f75 le mille pour	28	20
10	Février	Livré à Alexis D. 304 monts de tourbes à 15f15 l'un pour	4605	60
15	Mars	Fourni à Emile C. 4754 fagots à 24f50 le %.	1164	73
18	Avril	Vendu à André M. 246 pannes à raison de 46f60 le mille pour	11	46
22	Mai	Livré à Antoine P. 676 moutons, dont 440 à 26f70 pour	11748	
		et le reste à 21f15 l'un, pour	4991	40
18	Juin	Vendu à hypolite Q. 584 ares de terre à raison de 4845f75 l'hectare pour	28299	18
6	Juillet	Fourni à Firmin R 12 litres de vin à raison de 112f65 l'hectolitre pour	13	52
4	Août	Livré à benjamin T. 27 œufs à 55f le mille pr.	1	48
18	7bre	Vendu à philippe L. 184 mètres de toile à raison de 1f30 l'aune pour	200	93
12	8bre	Fourni à Jean Bte N. 5,6 hectolitres de cidre à raison de 0,40 le litre pour	224	
24	9bre	Livré à Joseph S. 284 grammes de tabac à 2,2f le kilog.		62

Formule d'un Mémoire.

Année 184

3e classe			F.	c.
18	Avril	Un Md. a acheté 6 tonneaux de mélasse pesant chacun 170 Kilog. à raison de 0,75 le Kilog. Combien doit-il payer net, après lui avoir rabattu 3f pour % ? Réponse	742	05
25	Juillet	Quelqu'un a acheté une douzaine d'œufs, moyennant 48f50 le mille, combien doit-il ? R.		58
14	Août	Une personne a acheté 18, 3/4 aunes d'étoffe à 13f85 le mètre, Combien doit-elle ? R.	311	62
19	7bre	Un ouvrier a fait 248 pieds d'ouvrage; devant être payé au mètre à raison de 3f25, combien a-t-il gagné ? R.	261	95
12	8bre	On demande combien il y a de livres anciennes dans 549 Kilog. 345 grammes 35 centigrammes ? R.	1122	31
17	9bre	On demande, au contraire, combien il y a de Kilog. dans 346 livres 12 onces anciennes ? R.	166	38
28	id	On demande combien il y a de pieds, pouces, lignes, dans 2 mètres 72 centimètres ? R.	8, 4, 4	
17	xbre	On demande, au contraire, combien il y a de mètres et de ses parties, dans 24 pieds 8 pouces anciens ? R.	8	016
23	id	Combien y a-t-il de lieues de 25 au degré dans 6840 toises	3.	
28	id	Combien pourraient produire de toises 45 lieues ? R.	126 000	
30	id	Combien y a-t-il de toises dans 34 mètres ? R.	17	44

Formule d'un Mémoire

année 184

5e classe			F.	c.
2	Avril	On a acheté 9 décimètres de drap à 22f70 le mètre.	20	43
8	Juin	Une personne a prêté 5204 f. à raison de 5f50		
		du % l'an, combien est-il dû d'intérêt? R...	280	22
11	Juillet	On emploie 240 ouvriers dans une manufacture		
		dont 80 sont payés à 2f par jour, pour...	160	"
		60 id à 1f50 pour.....	90	
		70 id à 1f10 pour....	77	"
		et 30 id à 0,75 pour....	22	50
		On demande combien il faut d'argent par		
		semaine, pour payer ces dits ouvriers? R....	2097	"
14	Août	On a construit un escalier qui a 32 marches,		
		La 1ère a 3 pouces d'élévation, la 2e 4 pouces, la		
		3e 5, 1/2 pouces, la 4e 6 pouces, et toutes les		
		autres de même. Combien l'escalier a-t-il de haut? R.	15 lig de 6l	6 L.
19	7bre	On a vendu 540 ares de terre à raison de 2480f		
		l'hectare, combien a-t-on reçu d'argent? R....	5952	"
24	8bre	Quelqu'un a récolté dans un coin de terre de		
		59 ares, 36 hectolitres de parots, qu'il a vendus		
		à raison de 26f75 l'hectolitre, combien a-t-il		
		reçu d'argent? R............	963	"

Formule d'un Mémoire

Année 184

3e classe

			F.	c.
24	Avril	On a acheté l'aune d'un drap 28f50, combien coûteront 17, 3/8 aunes. Réponse	495	19
13	Juin	Une personne a entrepris de caillouter 250 toises de chemin à raison de 8f50 la toise. combien doit-elle recevoir pour ce travail R.....	2125	"
2	Juillet	On a parcouru dans un voyage 7418 toises 4 Pieds 8 Pouces, combien a-t-on parcouru de pouces ? R	534152	"
18	Août	Quelqu'un a compté les minutes dans 8 années, de 365 jrs 5 hres 49', quel nombre a-t-il dû trouver ? R	4205100	"
16	7bre	On a acheté 2 mètres de drap pour 34f40c Combien devaient coûter 69. R......	1186	80
2	8bre	Combien y a-t-il de pouces carrés dans un morceau de bois de 24 Pieds 5 pouces de long, sur 3 pieds 9 pouces de large ? R.....	13185	"
10	Xbre	Un ouvrier a travaillé 54 Jours 3/4 à un ouvrage il gagnait 36 sous par Jour, combien a-t-il reçu d'argent pour son travail ? R	98	55
23	id	Vendu 24 écheveaux de fil à 3 sous 1/2 Pour	4	20

Formule d'un Mémoire,

Année 184

3e classe

			F.	c.
2	Janvier	Vendu 75,70 Kilog. de harengs, à raison de 1f20 la liv.	181	68
12	Mars	Livré 54,75 litres de luzerne à 85f30 l'hectolitre pour..	4670 (	17
19	Avril	Fourni 3045 livres anciennes de trèfle à raison de 0,90 le		
		kilogramme pour	1324	44
7	Juin	Livré à un boulanger 648 fagots à 424f15 le mille . .	274	85
		Et le boulanger m'a fourni 472 kilogrammes de pain (à 0f 40c)	188	80
		On demande qui doit à l'autre ? R... (Boulanger	86	05
21	7bre	Vendu 43 ares de terre à raison de 3080f78c l'hectare		
		avec l'argent de laquelle on s'est procuré 54 l'hectolitres		
		de blé à raison de 24f20, combien est-il resté d'argent ? R.	17	93
8	8bre	fourni 18 grammes de beurre à raison de 28 sous la livre		05
		et 5 livres de chandelles à 0,80 pour	4	
		Combien est-il dû ? R	4	05
6	9bre	Une personne demande chez un Épicier pour 4 sous		
		de café, avec quels poids faut-il peser, lorsque le kilog		
		vaut 3f60c. R	l'hectog. et décag.	
12	xbre	un maréchal a fait 12 faucilles à 18 sous l'une pour.	10	80
		et 6 cognées à 5f70 l'une pour	34	20
		on demande combien il lui est dû ? R.	45	"
23	id	vendu 14 livres de coton à 28 sous ½ la livre pour . . .	19	95

Formule d'une Facture.

Paris ce 184

Doit M. G... à B. Md. Epicier rue C. n°
pour vente et livraison faites de ce qui suit,
payable à P.

3e classe

					F.	c.
15	Juin	18 pains de sucre	250 Kilog.	à 1f 60 Pour	400	
		sucre candi	13, 8 Kilog	à 2, 70 id	37	26
		miel	15, 17 Kilog..	2, 40	364	08
		Liqueur	25, 6 litres	1. 90	48	64
		Café	17, 5 Kilog.	3, 75	65	63
		Riz	6, 25 Kilog.	0, 95	5	94
		Amidon	2, 30 Kilog.	3, 10	7	13
		chocolat.	12, 7 Kilog.	2, 54	32	25
		Orge-Perlé	2, 8 Kilog.	1, 20	3	36
		Orge-mondé	4, 75 Kilog	1, 50	7	12
		Savon	16, 45 Kilog.	1, 40	23	03
		Poivre	5, 15 Kilog.	2, 90	14	93
		Cassonade	24, 10 Kilog.	1, 20	28	92
		huile à brûler ...	12, 4 litres	0, 60	7	44
		huile blanche ...	8. 65 litre	1, 15	9	95
		Pour acquit.		Total		
		Dumont				

Formule d'un Mémoire

Année 184

3e classe

			F.	c.
11	Février	Une blanchisseuse-couturière a présenté son mémoire à Mr G. il contenait les articles suivants à lui faits l'année précédente savoir :		
13	Janvier	Tricoté à Mr G. 3 paires de bas en laine à 57 sous chacune pour	8	55
18	Mars	fait 6 corsets tricotés à 20f 05 chacun pour . . .	120	30
12	Avril	Livré la laine et la façon de 8 paires de gants savoir : 5 paires à 2f40 pour	12	"
		et 3 paires à 1f50 pour	4	50
20	Mai	Blanchi 12 chemises à f,40c chacune pour . . .	4	80
		4 pantalons à 13 sous chacun pour	2	60
		et 8 mouchoirs de poche pour 12 sous ci		60
12	Juin	Fait 12 chemises fines à 2f30 chacune pour . . .	27	60
25	Juillet	Raccommodé 8 paires de bas à 4 sous 1/2 pour . .	1	30
		3 paires de chaussons à 2 sous, liard pour . . .		34
		et ourlé 9 mouchoirs à 5 liards pour		56
4	Août	Marqué 24 chemises portant chacune 3 lettres à 3 liards la lettre pour	2	70
		Blanchi 5 cravates à 11 sous pour	2	75
		et brodé 2 paires de pantoufles à 57 sous chacune p. . .	5	70
		Total	194	80

Formule d'un Mémoire.

Année 184

3e classe			F	c.
24	Juin	On a vendu 809 pièces de vin à raison de 204f 05 la pièce, combien a-t-on reçu d'argent ? R.	165076	45
13	Juillet	On demandait à une personne qui avait 40 ans 6 mois et 24 jours, combien elle avait de minutes R.	21024349	
4	Août	On a acheté l'aune d'un drap 30f 40 ; combien coûteront 8 aunes 1/2 ? R.	258	4
17	7bre	On a acheté un terrain de 8 hectares à raison de 64f 50 l'are ; combien a-t-il coûté ? R.	51600	
12	8bre	On a acheté le kilogramme de plomb 1f 30, combien doivent coûter 9 hectogrammes 5 grammes ? R. . . .	1	18
6	9bre	Une personne a travaillé 24 jours 3/4 à un ouvrage à raison de 3f 45 par jour, combien devait elle recevoir ? R.	85	39
11	id	Un Md de chevaux en a vendu 75, dont 43 à raison de 395f 50 l'un pour	17006	50
		et le reste à 270f 80 pour	8665	60
		Combien a-t-il fait d'argent ? R.	25672	10
14	xbre	Un pâtissier a fourni pour une noce		
		12 gâteaux à 5f 90 pour	70	80
		15 tourtes à 3f 25 l'une, pour	48	75
		40 flans à 6 sous pour	12	
		et 36 galettes à 0,75 pour	27	
		Combien a-t-il reçu d'argent ? R. . . .	158	55

Formule d'un Mémoire.

Année 184

3e classe

			F.	C.
2	Avril	Un ouvrier a travaillé 18 jours à un ouvrage, il en confectionnait 7 mètres par jour à 3f, Combien a-t-il fait d'ouvrage et combien a-t-il reçu R.	126m 378	,
30	Juin	On a acheté 120 chevaux, savoir; 40 à 280f pour	11200	,
		34 à 375f25 pour	12758	50
		et le reste à 220f pour	10120	
		Combien a-t-il fallu d'argent? R.	34078	50
13	Juillet	On demande combien il y a de jours dans 90 années de 365 jours, 5 heures 49 minutes et 49 secondes? Réponse	32872	16h 49
7	Août	On a mesuré un terrain, long de 147 mètres 30 centimètres, et large de 84,75 mètres, Combien a-t-il en superficie? R.	12483	675
2	8bre	On a divisé un nombre par 16.084, et le quotient était 7, quel était ce nombre? R. . .	11788	
4	9bre	Vendu 30,08 mètres de velours à raison de 2f05 l'aune, combien a-t-on reçu? R. . . .	51	80
12	id	Un Md de bois a vendu à quelqu'un 83 fagots à raison de 45f80c le %, combien a-t-il dû recevoir? R.	38	01
7	xbre	Le même a fourni 34 falourdes à 76f le % pour	25	84

Formule d'un Mémoire.

Année 184

3e classe

			F.	c.
25	Janvier	Vendu à Étienne B. 180 paires de sabots, savoir :		
		75 paires à 0,90, 30 à 1f 20, et le reste à 0,60		
		Combien a-t-on reçu desdits sabots ? R.	148	50
12	Mars	Livré à Joseph C. 48 paires de bas à 4f 10 l'une p. . .	196	80
		et 34 paires de chaussons à 1,75 pour	59	50
11	Avril	Fourni à la fille de D.. 2,5 kilog. de laine grise		
		à raison de 17f 30 le kilogramme Pour	43	25
		et 1,3 kilogramme de blanche à 8f la livre pour . .	20	80
16	id	Vendu à Nicolas E. 40 douzaines de brosses, savoir,		
		17 dzs à 0,20 la brosse Pour	3	40
		et le reste à 0,75 la paire Pour	17	25
20	7bre	Livré à Florent F. 23,4 kilog. d'amidon à 3f l'un P. .	70	20
		et 8,6 kilog. de savon jaune à 1f 20 l'un pour	10	32
30	id	Vendu à Jonas G. 22 hectolitres de camomille à 11f 50		
		l'un Pour.	253	
22	xbre	Fourni à Hortense L. 80 fichus, dont 64 à 1f 30 p. .	83	20
		et le reste à 2f 75 pour	44	»
26	id	Livré à Jn Bte P. 270 verres à raison de 36		
		sous la douzaine		
		Combien ai-je dû recevoir ? R.	40	50

Formule d'un Mémoire.

Année 184

3e classe

			F.	c
8	Mars	Fourni à Manas O. 3 portes en chaîne à 25f60 pour	76	80
		4 en bois blanc à 18f70 pour	74	80
		et 5 croisées à 16f25 l'une pour	81	25
17	Avril	Vendu à Pierre P. 17 arbres, dont 8 à 66f l'un pour . . .	528	"
		6 à 38f40 pour	230	40
		et le reste à 24f15 pour	72	45
12	Mai	Livré à Benjamin Q. 28,4 stères de bois à raison de 18f30 l'un pour	519	72
30	Juin	Fourni à Armand R. 945 fromages d'hollande à 2f75 l'un pour	2598	75
22	Juillet	Vendu à Arnould S. 2404 couteaux, la moitié à 0,65, et l'autre moitié à 0,80 pour	1742	90
27	Août	Livré à André T. 295 paniers, 60 à 4f25 pour . . .	255	"
		et le reste à 2f50 l'un, pour	587	50
14	7bre	Fourni à Henri V. 250 livres de groseilles à raison de 0,30 le kilogramme pour	37	50
25	8bre	Vendu à Ambroise Z. 25 kilogrammes de café à raison de 2f40c la livre, pour	120	"
15	9bre	Livré à Constant N. 72 litres de vinaigre à raison de 85f68c l'hectolitre pour	61	69

Formule d'un Mémoire.

année 184

3e classe

			F	c.
4	Janvier	Vendu à Laurent B. 25, 8 hectolitres de pommes de terre à raison de 7f50 l'un pour	193	50
18	Février	Fourni à Crisostôme C. 484 jeunes arbres, moyennant 210, à 1f20, et le reste à 0,75 Pour	457	50
11	Mars	Livré à auguste D. 45 veaux à raison de, 28 à 35f60 et le reste à 18f45 pour	1310	45
10	Avril	Vendu à Augustin E. 120 Bouteilles de cirage à raison de 10f85 le cent Pour	13	02
29	Mai	Fourni à Anastasie F. 560 litres de Farine à 28f10 l'hectolitre pour	157	36
2	Juin	Livré à Nicolas G. 804 livres de raisin à 0,70 le kilogramme Pour	281	40
6	Juillet	Vendu à Romain H. 80 poulets, savoir 32		
		à raison de 1f25 Pour	40	
		et le reste à ,0.75 Pour	36	
23	Août	Fourni à Grégoire L. 5 vaches à 215f pour	1075	
		et 3 veaux à 68f50 Pour	205	50
20	7bre	Livré à Théodore M. 15475 ardoises à raison de 20f40 le mille et 645 Pavés à 16f60 le cent.		
		Combien a-t-on dû recevoir ? R.	422	12

Formule d'un Mémoire.

Année 184

3e classe

			F.	c.
17	Janvier	Vendu à Martin G. 46,50 ares de terre à 35f 80 l'un p.	1664	70
28	Février	Fourni à François W. 258 solives à 1f 05 l'une pour	270	90
12	Mars	Livré à Jérôme G. 1007 mètres de cotonnade à 1f 24 l'un Pour	1248	68
22	Avril	Vendu à Édouard L. 84,109 kilog. de chanvre à raison de 2f 35 le kilog Pour	197	65
10	Mai	Fourni à Pierre T. 85,02 litres de liqueur à raison de 2f 24c le litre Pour	190	45
30	Juin	Livré à Louis D. 40,80 stères de bois à raison de 38f 60 le stère Pour	1574	88
6	Juillet	Vendu 2,78 hectares de terre à Dufour à raison de 50f 30 l'are Pour	189	83
18	Août	Fourni à Alfrède R. 740 carreaux à raison de 28f 30 le cent. Pour	209	42
25	7bre	Livré à Julien C. 646 cravates à raison de 2f 34 l'une Pour	1511	64
12	8bre	Vendu à Alexandre S. 192 ciseaux, savoir : 49 à 1f 25 l'un, et le reste à 2f 50 Pour	418	75
24	9bre	Fourni à Remi B. 740 paquets de plumes à raison de 4f 30 le cent Pour	31	82

Formule d'un Mémoire.

Année 184

3e classe

			F.	c.
24	Août	Une personne avait deux belles poires, l'une pesait 12 onces, et l'autre 308 grammes, quelle était la plus pesante ? R. 1re	67 grammes	
13	7bre	Deux voyageurs se rencontrent, l'un dit : j'ai fait 18 lieues de poste aujourd'hui ; l'autre répond, moi, j'ai fait 62, 25 Kilomètres ; combien l'un a-t-il fait de chemin plus que l'autre ? R.	17 k. 67	"
29	8bre	Un domestique, versant de l'eau dans un abreuvoir, long de 5 mètres, large de 3 et haut de 4, se permit de questionner son maître, en lui demandant, combien il y avait de mètres cubes d'eau dans cet abreuvoir ? R..	60	"
10	9bre	On a vendu 544 perdrix et 26 lièvres, les perdrix à 23 sous p., et les lièvres à 58 sous. Combien a-t-on reçu d'argent du gibier ? R.	714	60
21	id	Un chasseur, dans une journée a tué 6 levrauts qu'il a vendus, 2 à 34 sous et 4 à 21, et 14 perdrix à 18 sous, combien a-t-il gagné dans sa journée, après avoir payé la poudre et le plomb 53 sous ? R	17	55
18	xbre	J'ai vendu 12 mètres de ruban à 2 sous 1 liard pour	1	35

Table de Multiplication.

3e classe

Chiffres multipliés.

Chiffres multiplicateurs.

1	2	3	4	5	6	7	8	9
2	4	6	8	10	12	14	16	18
3	6	9	12	15	18	21	24	27
4	8	12	16	20	24	28	32	36
5	10	15	20	25	30	35	40	45
6	12	18	24	30	36	42	48	54
7	14	21	28	35	42	49	56	63
8	16	24	32	40	48	56	64	72
9	18	27	36	45	54	63	72	81

Usage de cette table.

Cette table a pour but de marquer le produit d'un nombre multiplié par un autre. Voici, comme on trouve ce produit; prenez le chiffre multiplicateur, et de là, traversez horizontalement la table jusqu'à ce que vous soyez verticalement sur la colonne du chiffre multiplié; et à ce point, vous trouvez le produit des deux nombres multipliés l'un par l'autre. Ex. soit le nombre 7 multiplié par 6; prenez le 6 de la 1re colonne à gauche, c'est à dire le chiffre multiplicateur, et avancez directement dans la table, jusqu'à ce que vous soyez dans la colonne du 7 d'en-haut, ou le chiffre multiplié; à cette rencontre, vous trouvez le produit qui est 42.

et ainsi de suite pour tous les autres nombres.

Les élèves feront bien d'apprendre cette table par cœur.

Fin.

Formule d'un Mémoire.

Année —184

4e classe

			F.	C.
26	Janvier	Un ouvrier vient de toucher 11510f10, pour 54 autres, On demande combien il leur reviendra à chacun? R.	213	15
17	Avril	Un boucher a acheté une vache grasse pesant 436 livres ou 218 kilog. pour 261f60, combien l'a-t-il payée la livre? R.		60
6	Mai	Un Md de chevaux en a acheté pour 24904f; il en a eu 48, combien les a-t-il payés la pièce? R.	518	83
14	Juin	Un Md de bois a eu cent falourdes pour 76f50, combien en aura-t-il avec 699f21? R.	914	
24	Juillet	Une personne a vendu 418,6 kilog. de mélasse pour 251f16, Combien a coûté le kilogramme? R.		50
13	Août	On a acheté 34,25 hectolitres de blé pour 623f35, on demande à combien est revenu l'hectolitre? R.	18	20
14	7bre	Un Voyageur a parcouru en 12 jours, 204 lieues, combien en a-t-il parcouru par jour? R.	17	
24	8bre	J'ai vendu 84 baliveaux pour 39f20, combien les ai-je vendus la pièce? R.		46
15	9bre	540 ouvriers ont confectionné un ouvrage, dont ils ont reçu 46710f, combien chacun a-t-il reçu? R.	86	50
24	xbre	12 chevaux ont coûté 3720f, combien a coûté l'un? R.	310	

Formule d'un Mémoire.

Année 184

4e classe

			F.	c.
12	Avril	Un cultivateur a vendu 2983 brebis pour 22250 f., combien a-t-il vendu la brebis ? R. . .	7	52
26	Mai	Un maître a donné 136 volumes à ses élèves, qui sont au nombre de 34, combien en ont-ils eu chacun ? Réponse	4	
18	Juin	Combien aurait-on de mètres de toile à 3 f 70 avec la somme de 925 F. R.	250	
21	Juillet	Un ouvrier a reçu 244 f 90, pour un ouvrage à 3 f 10 le mètre, combien en a-t-il fait de mètres. R.	79	
20	Août	Un bourgeois a rencontré une bande de pauvres, il leur a donné chacun 2 f 15 c il a dépensé pour ce, 53 f 75. Combien y avait-il de pauvres ? R. . .	25	
6	7bre	Un courrier a fait 264 lieues de poste en 12 jours, combien en a-t-il fait par jour ? R. . .	22	
15	8bre	Un percepteur reçoit 4576 f par mois, combien reçoit-il par jour ? R	152	53
28	9bre	Un Md dans 8 heures a vendu pour 248 f 40, Combien a-t-il reçu par heure ? R. . . .	31	05
18	Xbre	Une personne a reçu pour soins donnés à un enfant 76 f par mois, combien par jour ? R.	2	53

Formule d'un Mémoire.

Année 184

4e classe

			F.	c.
16	Juin	Une Personne a Vendu une maison Pour 8460f Payable en 6 Termes, combien devra-t-on par terme ?	1411	
20	Août	Quelqu'un a un Paiement de 24876f à faire; Lequel sera fait comme il suit; la moitié	12438	
		au bout de 6 mois, le quart au bout de 10 mois;	6219	
		et le sixième au bout de 15 mois; de	2073	
		Combien sera chaque Paiement ? R...		
30	7bre	Le roi voulant récompenser 658 soldats qui ont combattu vaillamment, leur accorda pour Prime de courage la somme de 30630f, Combien chacun a-t-il reçu pour sa Part ? R...	46	55
8	8bre	J'ai vendu 2048 Paires de bas, moyennant 2560f; Pour gagner 0,15 à la paire, combien a-t-il fallu les vendre ? R	1	40
17	9bre	On a mesuré un Terrain qui a 246 mètres de longueur, et 103566 mètres de superficie, on demande quelle est sa largeur ? R...	421	
15	xbre	On a Tué une vache qui pesait 390 Kilog. En vendant le Kilog 1f20, on gagne sur la bête 86f, combien a-t-elle coûté ? R.	382	
23	id	On a payé 746f de 84 objets, combien l'un ? R	8	88

Formule d'un Mémoire.

Année 184

4e classe

			F.	c.
17	Janvier	J'ai vendu 486.5 kilog. de sucre pour 583f80, combien a coûté le kilogramme ? Réponse . . .	1	20
26	Juillet	Dans une fête 34 personnes ont dépensé 183f60, Combien chacune a-t-elle eu à payer ? R. . .	5	40
12	Août	Un Md. en revendant une marchandise 484f65 a gagné 60f sur 40 objets, combien les avait-il payés la pièce ? R.	10	61
25	id	on a perdu 28f40 sur 12 objets qu'on a vendus 208f80, combien avait coûté chacun ? R. . .	19	60
7	7bre	On a fourni 22 schalls pour 990f, par échange pour 80 mètres de drap, combien faut-il le revendre pour gagner 1f50 au mètre ? R.	13	88
14	8bre	Une personne a 46 mètres de casimir, qui vaut 18f le mètre ; elle veut faire un échange pour de la cotonnade à 2f80 le mètre, combien en aura-t-elle d'aunes ? R.	295	5/7
26	9bre	On paie de 75 hectolitres de chenevis 2364f combien en aura-t-on avec 850f ? R.	26	96
12	xbre	Combien coûteront 7607 pieds de maçonnerie Lorsque 12, ont coûté 30f R.	19017	5

Formule d'un Mémoire.

Année 184

4e classe

			F.	c.
10	Janvier	Vendu quatre mille huit cent cinq volailles, pour deux mille sept cent quarante-six francs douze centimes, combien a coûté la pièce? R.		57
30	id	Vendu pour 12640f 40 de bestiaux, il y avait 12 vaches à 205f la pièce, 8 veaux à 54f, et 40 chevaux à 243f 71, Combien le bétail a-t-il coûté au prix commun ? R.	210	67
12	Mars	J'ai acheté pour 3600f de marchandise à 24f le mètre, combien en ai-je eu? R.	150	
18	Mai	Un cultivateur a ensemencé 1 hectare 25 ares de terre, avec 7,75 hectolitres de blé, combien en a-t-il mis par are? R	6L.	2
27	Juin	On a fait une imposition locale de 4800f sur 850 pères de famille, par portion égale, Combien chacun a-t-il eu à payer? R. . .	5	65
7	Août	une personne a fait avec 2,7 kilog. de groseilles 17,4 litres de cassis; pour 25,8 litres d'eau-de-vie, combien faudra-t-il de fruit? R.	4k. 014	
23	7bre	Quelqu'un a nourrit un enfant pendant 86 Jours pour 42f; combien par jour? R.		49

Formule d'un Mémoire.

Année 184

4e classe

			F.	c.
25	Avril	Un jardinier a vendu 3460 jeunes arbres pour 10726f Combien a coûté la pièce ? R.	3	10
2	Mai	Un maçon a fait 4204 mètres carrés d'ouvrage, pour 12612f, combien a coûté le mètre ? R.	3	
18	Juin	On a vendu 45 glaces pour 1578f50, combien a coûté l'une ? R.	39	46
13	Juillet	Une personne va au marché à volailles, avec 103f50 ; elle achète des chapons à raison de 2f30 la pièce, combien en a-t-elle eu pour son argent ? R.	45	
6	Août	4 Marchands, s'étant associés pour le commerce ont gagné 2640f, combien leur revient-il à chacun, à proportion de leur mise.		
		Le 1er a mis pour sa part 8400f80c	1152	60
		Le 2e 5690f40	780	72
		Le 3e 946f80	129	90
		Le 4e 4200f00	576	25
		19238.00		
25	7bre	Une personne s'est procuré avec 2840f60, 510 agneaux, combien les a-t-elle payés la pièce ? R.	5	57
12	8bre	Un Md a un reste de drap de 26 aunes 4/7, il veut le convertir en pantalons, combien pourra-t-il en retirer, sachant qu'il faut une aune et un quart pour en faire un. Réponse	21, +	$\frac{9}{35}$
6	9bre	Combien y a-t-il d'heures dans 75402 minutes ? R.	6, 42'.	

Formule d'un Mémoire.

Année 184

4e classe			F.	c.
22	Janvier	Une personne a dépensé en 45 jours 360F, combien a-t-elle dépensé par jour ? Réponse	8	
14	Mars	Une armée composée de 84000 hommes doit rentrer en ville, savoir : à Paris, Lille, Lyon, Marseille, Agen Amiens, Rouen, Strasbourg, Arras, Avignon Nantes et Metz, combien y a-t-il eu d'hommes par chaque ville ? R.	7000	
15	Avril	Un ouvrier a reçu 640F pour un ouvrage à 5F20 la toise, combien en a-t-il fait de toises : R.	123	$\frac{1}{13}$
21	Mai	On demande par quel nombre on a divisé 15600, pour que le quotient ait été 208 R. . .	75	
15	Juin	J'ai eu, avec 73F60, 184 livres de porc ; combien en ai-je payé la livre ? R		40
4	Juillet	J'ai formé un carré d'arbres sur un terrain de 240 pieds de long, et 120 de large ; en les plaçant à 12 pieds en tous sens, combien m'a-t-il fallu d'arbres pour remplir ce carré ?	200	
10	Août	On demande combien il y a de pièces 20F dans 265 écus de 55 sous ? R	36 + 8F75	
24	7bre	Quel est le quotient de 5046 divisé par 16 ? R. . .	315	37

Formule d'un Mémoire.

Année 184

4e classe

			F.	c.
12	Mai	Une personne a acheté les articles suivants savoir :		
		25, 3/7 aunes de drap à 20f l'aune pour	508	56
		12, 3/8 de mousseline à 4f45 pour	55	07
		5. 2/5 de toile à raison de 3f10, pour	15	70
		8, 3/4 de velours à 2f40 pour	21	
		On demande combien la personne en a eu d'aunes ? R.	41, $\frac{267}{280}$	
		et pour combien d'argent ? R	600	33
18	Juin	J'ai acheté 842, 8/15 aunes de canevas		
26	id	J'en ai vendu 57, 3/7 aunes, combien m'en reste-t-il ? R. . .	785	$\frac{11}{105}$
10	Juillet	On demande quel est le produit de 8, 5/6 multiplié par 3, 2/3 ? R. . .	32, $\frac{7}{18}$	
5	Août	On demande quel est le quotient de 10, 9/13 divisé		
		par 7, 1/3 Réponse ? . .	1, $\frac{131}{286}$	
12	id	Un Md. de vin en a vendu 4,54 hectolitres pour		
		la somme de 346f70, combien a coûté le Litre ? R.		76
17	7bre	On a payé 30104f75 de 472 Poulains, combien a coûté		
		la pièce ? R.	63	78
20	8bre	Un tisseur de coton a confectionné, en 22 jours 48 aunes		
		de velours pour lesquelles il a reçu 35f75, on demande		
		combien il a gagné par jour ? R.	1	62
		et combien il en tissait par jour ? R	2, $\frac{2}{11}$	

Problèmes sur l'addition des fractions.

4e classe

1re	question	On demande les entiers contenus dans les fractions $\frac{2}{9}$ $\frac{3}{4}$ $\frac{3}{5}$ $\frac{4}{7}$ $\frac{2}{8}$ $\frac{1}{2}$ $\frac{5}{6}$. Réponse ?	3, $\frac{10443}{22680}$	
2e	id	Un Md a vendu six coupons de drap. Le 1er avait . . . . 8 aunes 5/6 Le 2e id . . . . 10 , 3/7 Le 3e . . . . 4 , 1/4 Le 4e . . . . 6 , 1/2 Le 5e . . . . . 5 , 5/16 Le 6e . . . . . 3 , 4/5 On demande la quantité d'aunes que le Md a vendues.	39 $\frac{29}{1680}$	
3e	id	Quelle est la quantité d'entiers dans les fractions suivantes ? $\frac{13}{18}$, $\frac{5}{16}$, $\frac{7}{9}$, $\frac{23}{28}$, $\frac{21}{25}$ R.	3 - $\frac{1327}{2800}$	
4e	id	Un Md avait 210 aunes $\frac{9}{14}$ de drap bleu, 75, $\frac{6}{19}$ de noir, 20, $\frac{3}{7}$ de gris, 190, $\frac{5}{8}$ de vert, 310, $\frac{8}{9}$ de rouge et 24, $\frac{15}{32}$ de blanc, Combien le Md avait-il d'aunes de drap dans son magasin ? R. . . .	832 - $\frac{99169}{268128}$	
5e	id	Un fabricant de drap a fait teindre les coupons suivants : 24 aunes 3/8 en noir, 7, 6/7 en vert, 15, 5/6 en bleu, 27, 16/26 marron, 18, 7/9 olive, on lui a pris 1f25 à l'aune. Combien la teinture lui a-t-elle coûté ? R	118	08
6e	id	Un pauvre parcourut 5 maisons aumônières, dans la première il reçut 5, 7/16 livres de pain, dans la 2e 4, 3/4 livres de beurre, dans la 3e, 15 liv. 3/8 de farine, dans la 4e 12 liv. 6/11 de viande, et dans la 5e 6 liv. 5/6 de savon, on demande combien il a reçu de livres en tout ? R.	44 - $\frac{497}{528}$	

Problèmes sur la soustraction
Des Fractions.

1e classe

1ère	Question	Quelle différence y a-t-il des deux fractions 18/31 et 16/25. Réponse	$\frac{296}{775}$
2e	id	J'ai vendu 131/265 de soie à une personne, et 517/850 à une autre, combien en ai-je vendu ? R	1, $\frac{4621}{45050}$
3e	id	Vendu en 1824. 72, 3/16 aunes d'une marchandise; en 1836, vendu 103, 5/9; on demande quelle est la différence des deux ventes ? R	31, $\frac{53}{144}$
4e	id	Un Ouvrier a travaillé 56, 7/12 jours à un ouvrage; on lui en a payé 39, 5/7; combien lui en est-il encore dû ? R	16, $\frac{73}{84}$
5e	id	Une Personne a acheté 124, 15/32 aunes de drap, payable en deux termes; le 1er elle en a payé 77. 4/7; combien lui en est-il resté à payer au second terme ? R	46, $\frac{201}{224}$
6e	id	Quel est le nombre qui, après avoir été augmenté de 43, 17/24 vaille 82, 12/29. R	38, $\frac{491}{696}$
7e	id	Une personne dit; que si elle avait encore 13. 7/18 années, elle en aurait 58, 15/16. combien en a-t-elle ? R	45, $\frac{79}{144}$
8e	id	Quelqu'un dit; qu'il aurait 127, 3/8 aunes, s'il en avait encore 39, 16/21 combien en a-t-il maintenant ? R	87, $\frac{103}{168}$
9e	id	Si à 22, 10/13 on ajoute un nombre, on aura 38, 5/16. quel est ce nombre	15, $\frac{153}{248}$

Problèmes sur la multiplication

Des Fractions.

4e classe

			F.	C.
1re	Question	On demande quel est le produit de 74, 5/9 ×* 35, 6/7 ? R. . .	2679	22/63
2e	id	Quel est celui de 15/22 × 5/7 ? R.		75/154
3e	id	quelle est la superficie d'un terrain, dont la longueur est de 63 pieds 5/12, et la largeur de 28, 13/16 ? R.	1827	19/96
4e	id	Quel est le nombre qui, étant divisé par 8, 2/3 donne pour quotient 34, 3/5 ? R.	299	13/15
5e	id	Des Douaniers ont pris 6 contrebandiers, chargés chacun de 68, 13/20 livres. Le tabac a été vendu 28 sous 1/2 la livre; Combien a-t-on fait d'argent du tabac ? R. . . .	586	95
6e	id	On a vendu 30, 5/8 aunes de drap à raison de 24f 70c l'aune, Combien a-t-on fait d'argent du drap ? R.	756	43
7e	id	On demande le prix de 72, 5/6 aunes de velours à 3f 15 l'aune ? R. . .	229	43
8e	id	Une personne a vendu 3, 1/2 livres de beurre pour 12 sous, on demande à combien est revenue la livre ? R.		17. 1/7
9e	id	Une personne avait 24 francs à donner à 3 pauvres, au 1er la 1/2 au 2e, le 1/3 et au 3e le 1/4 on demande la part de chacun ? R. . .	1er . . . 11. 2e . . . 7. 3e . . . 5.	1/13 5/13 7/13
10e	id	On a vendu 412, 3/4 aunes de drap à 16f 40, combien a-t-on reçu ?	6769	10
11e	id	On demande le produit de 5 pieds 7 po × 4 p. 9 pouces ? R. . .	26, 6 p. 3 l.	11
12e	id	Un maçon a fait un pignon qui a 12 pieds 3/4 de large, et 22 p. 2/3 de haut, à 1f 50 du pied carré, combien a-t-il gagné ? R. . .	433	50

*ce signe signifie multiplié par, celui-ci, + plus, celui-là − moins, = égale.

Problèmes sur la division des Fractions

4e classe

1ère	Question	Quel est le quotient de 3/4 divisé par 5/8. Réponse...	1 E.	$\frac{1}{5}$
2e	id	Un Cultivateur devait mélanger 50, 8/9 hectolitres de blé, avec 30, 5/6 de seigle ; combien est-il entré de seigle à l'hectolitre de blé Réponse.	60 L.	55
3e	id	11 Personnes ont 482 aunes 5/16 de drap à se partager, on demande combien chacune en aura ? R.	43	$\frac{149}{176}$
4e	id	Une personne veut répartir 250 Kilog. 7/8, entre 8 personnes Combien en auront-elles chacune ? R.	31 k 359	
		(On fait remarquer en passant, à l'élève, que quand on a une fraction quelconque à diviser par un nombre entier, il suffit de multiplier par ce nombre, le dénominateur de la fraction seulement. Ex. $\frac{8}{9}$ divisé par 5 = $\frac{8}{45}$. Au contraire, pour multiplier une fraction, par un nombre entier, multipliez le numérateur de la fraction par ce nombre. Ex. soit la fraction $\frac{12}{13}$ à multiplier par 6 = $\frac{72}{13}$)		
5e	id	Des ouvriers ont trouvé 550 f, en démolissant un bâtiment, Le propriétaire en exige ; le $\frac{1}{3}$ des $\frac{3}{4}$ des $\frac{5}{8}$, combien a-t-il eu et les ouvriers ? R.	85 f 93 - 464	ouvriers 07
6e	id	On demandait à un étudiant combien il y avait d'années qu'il était en classe, il dit il y a la 1/2 des 3/8 de 48 ans. R...	9 ans.	

Problèmes divers.

4e classe

			f.	c.
1ère	Question	On a payé 684f80 de 80 kilogrammes, combien paiera-t-on pour 45,65 hectogrammes R.	390	76
2e	id	Combien y a-t-il d'aunes en 76,35 mètres R.	64	134
3e	id	Combien y a-t-il de mètres en 42 aunes 5/8 R.	51	15
4e	id	Combien y a-t-il de livres anciennes dans 18,90 kilog.? R. .	37L. 9 onces	1/2
5e	id	Combien de kilog. en 120 liv. 14 onces? R.	58	02
6e	id	Combien y a-t-il de stères dans 45 cordes 1/2 ?(Corde de port)	218	40
7e	id	Combien y a-t-il de cordes dans 28 stères 54 R.	5	94
8e	id	Combien y a-t-il de pieds cubes, dans un bloc de marbre de 12 pieds de long, 5 de large, et 8 de haut ? R. . . .	480	
9e	id	Un plan carré a 2486 mètres de superficie; quelles sont ses dimensions ? R.	49	86
10e	id	Quelqu'un a multiplié un nombre par 19, et il a eu pour produit 4047, quel est ce nombre? R. . . .	213	
11e	id	La Terre, dans son orbite parcourt 9000 lieues en 24 heures, on demande en 5 heures 1/4, combien elle en parcourt? R.	1968	3/4
12	id	Une personne a payé 768f de 24 aunes d'un drap de 5/4 de large, on demande combien elle en aura d'aunes d'un drap de 3/4 avec la même somme ? R.	40	

Problèmes divers.

2e classe

			F	C.
1re	Question	Un Md a du vin à 6 sous, à 10, et à 16 sous le litre; quelqu'un lui en demande 150 litres à 12 sous, combien faut-il lui en donner de chaque sorte ? Réponse	75 l à 37,5 37.5	80 50 30
2e	id	Un Md a vendu 20 mètres de drap aux conditions suivantes; Le 1er mètre 2 sous, le 2e 4 s, le 3e 8 s. et ainsi de suite jusqu'au dernier terme; on demande combien le Md a fait d'argent de son drap? R	104-857	50
3e	id	Un autre Md en a vendu 66 mètres à ces conditions : le 1er mètre, à 2 francs, le 2e 4 f. le 3e 6 f. le 4e 8 f, et ainsi de suite jusqu'au dernier terme, on demande combien les 66 mètres ont coûté?	2-2 44	"
4e	id	On demande quand arrivera la fête de Pâques en 1871. R	16 Avril.	"
5e	id	On demande quelle est la racine carrée de 39.601 R . . .	199	"
6e	id	Quelle est la racine cubique de 50653 ? R	37	"
7e	id	La différence de deux nombres est 6, et leur somme est 432; on demande quels sont ces deux nombres ? R	219 213	
8e	id	Le transport de 20 kilogrammes de Mdise à 16 lieues, coûte 48 francs, Combien en fera-t-on transporter de kilog. pour 84 f. à 26 lieues? R	56 kilog.	875
9e	id	On sait que 8 ouvriers en 12 jours, travaillant 8 heures par jour, ont fait 446 mètres d'ouvrage; Combien 10 autres aussi habiles, en 9 jours, travaillant 12 heures par jour en feront-ils de mètres ? R	627	18
10e		Un Md a deux sortes de marchandise; il en a vendu 16 livres de la 1re, dont il a reçu autant de francs, qu'il en a vendu de livres de la seconde pour 36 f. combien a-t-il reçu pour 16 livres ? R	24	"
		et combien a-t-il livré de marchandise pour 36 f R	24 l	"

(15)

Problèmes divers.

4e classe			F.	c.
1re	Question	Une personne a rencontré une bande de pauvres, auxquels elle voulut donner à chacun 7 sous ; mais il lui manquait 33 sous, alors elle ne leur donna qu'à chacun 4 sous, et il lui est resté 9 sous ; combien y avait-il de pauvres, et combien la personne avait-elle d'argent ? Re.	14 Pauvres. 3	25
2e	id	Un Md avait un billet de 2400f payable dans 10 mois, se présente chez un banquier pour le faire escompter ; On demande la somme que la personne doit recevoir, sachant que l'escompte est de 4f50 pour %. Re.	2310	"
3e	id	Trois Mds ont fait société, et ont gagné 980f. on demande le gain de chacun, à proportion de sa mise ; Le 1er a mis 500f et a gagné	113	95
		Le 2e 3000, ———	683	72
		Le 3e 800, ———	182	33
4e	id	trois autres ont fait aussi une société et ont perdu 1840f, on demande la perte que doit supporter chaque sociétaire, à proportion de sa mise et de son temps ;		
		Le 1er a mis 840f pendant 8 mois et a perdu	817	40
		Le 2e id 975, id 3, ———	355	90
		Le 3e id 1096, id 5, ———	666	70
		2911	1840	00

Instruction sur l'addition, la soustraction, la multiplication et la division des Fractions.

De l'addition.

Pour ajouter plusieurs fractions ensemble, telles que, $\frac{5}{9}$, $\frac{3}{4}$, $\frac{1}{2}$, $\frac{2}{3}$ qui ne sont pas en même dénomination, il faut les y mettre ; en multipliant tous les dénominateurs les uns par les autres ; pour avoir un nombre appelé commun diviseur, ou dénominateur commun ; on évite ce calcul, quand on trouve un nombre qui peut être divisé sans reste, par chaque dénominateur ; ici, on peut en trouver un sans faire de calcul ; 36 par Ex. peut être commun diviseur aux fractions citées plus haut, puisqu'on peut le diviser sans reste par les dénominateurs, 9, 4, 2 et 3 : Mais pour d'autres fractions, on opère autrement ; soient les Fractions $\frac{6}{7}$, $\frac{3}{5}$, $\frac{5}{6}$ $\frac{1}{8}$, on ne trouve pas de suite un nombre qui puisse servir de commun diviseur, sans en faire le calcul, alors vous avez recours à la règle ordinaire ; vous dites : $7 \times 5 = 35 \times 6 = 210 \times 8 = 1680$, commun diviseur, que vous divisez par chaque dénominateur, et le quotient doit être multiplié par son numérateur, alors vous avez une nouvelle fraction qui équivaut à la première, au lieu de $\frac{6}{7}$, vous avez $\frac{1440}{1680}$, Faites la même chose pour les autres. Je me dispense de faire tout le calcul, je me borne seulement à en donner la première idée, le maître donnera plus d'extension à ces sortes de règles, il les disséminera comme bon lui semblera.

De la soustraction.

La soustraction est soumise aux mêmes règles que l'addition ; mettez les fractions à soustraire en même dénomination, si elles n'y sont pas ; voyez ce qui vient d'être dit ci dessus, cela fait, ôtez le plus petit numérateur du plus grand. on ne fait jamais la soustraction des dénominateurs.

De la Multiplication.

La multiplication consiste à multiplier les deux numérateurs l'un par l'autre, pour en avoir un nouveau qui marque le produit ; et les deux dénominateurs aussi l'un par l'autre.

Ex. $\frac{3}{4} \times \frac{5}{6} = \frac{15}{24}$ suivez la même marche pour toutes les autres.

De la Division.

La division consiste à renverser les termes de la fraction diviseur, puis, vous opérez comme pour la multiplication. Ex. soit la fraction $\frac{8}{11}$ divisée par $\frac{4}{7}$, vous avez $\frac{8}{11} \times \frac{7}{4} = \frac{56}{44}$ fraction qui équivaut à 1 Entier $\frac{12}{44}$.

Fin.

www.ingramcontent.com/pod-product-compliance
Ingram Content Group UK Ltd.
Pitfield, Milton Keynes, MK11 3LW, UK
UKHW021147230726
13926UKWH00002B/971

9 782014 465693